ISBN 978-0-656-70400-2
PIBN 10381168

This book is a reproduction of an important historical work. Forgotten Books uses
state-of-the-art technology to digitally reconstruct the work, preserving the original format
whilst repairing imperfections present in the aged copy. In rare cases, an imperfection in
the original, such as a blemish or missing page, may be replicated in our edition. We do,
however, repair the vast majority of imperfections successfully; any imperfections that
remain are intentionally left to preserve the state of such historical works.

Souvenir affectueux de
à ses amis et col
Gaston et Albert
G. Yon

MATÉRIEL
ÉROSTATIQUE MILITAIRE

SYSTÈME GABRIEL YON

(1886)

BALLON CAPTIF TRANSPORTABLE A VAPEUR

AÉROSTAT DIRIGEABLE (TORPILLEUR AÉRIEN)

A VAPEUR ET A GRANDE VITESSE

A LA MÉMOIRE

DE

MM. HENRY GIFFARD ET DUPUY DE LOME

LEUR ANCIEN ÉLÈVE ET COLLABORATEUR

L.-GABRIEL YON

MATÉRIEL

AÉROSTATIQUE MILITAIRE

SYSTÈME GABRIEL YON

(1886)

PREMIÈREMENT

Appareil de ballon captif transportable pour observatoire aérien de 500 mètres d'altitude, relié par câble à réseau téléphonique sur chariot porteur avec chaudière et treuil à vapeur, le tout complété par un générateur spécial d'hydrogène pur à marche rapide automatique et continue.

(Voir planche I.)

DEUXIÈMEMENT

Système d'aérostat dirigeable (torpilleur aérien), à vapeur, à grande vitesse et à longue durée, avec hélice de grand diamètre, à large envergure, commandée par une machine Compound, à haute pression et à grande détente, desservi par une chaudière tubulaire à foyer spécial pour chauffage au moyen d'hydrocarbure liquide et par un condenseur particulier par surface et à air.

(Voir planche II.)

BALLON CAPTIF TRANSPORTABLE A VAPEUR

INTRODUCTION

Le système d'aérostat captif transportable à vapeur, dont les premiers types ont été construits l'année dernière pour le compte des gouvernements italien et russe et que je vais décrire plus loin, germait dans mon cerveau depuis 1870; c'est à la suite d'essais malheureux exécutés à Saint-Denis, pendant la guerre, devant l'amiral La Roncière le Noury, avec un matériel défectueux et insuffisant, que je me suis appliqué à rechercher la solution du problème.

Les expériences concluantes exécutées depuis, tant en France qu'à l'étranger, sont venues confirmer la valeur des appareils employés en vue de rendre transportables tous les engins spéciaux nécessaires au gonflement, à l'élévation et à la manœuvre d'un aérostat captif, propre aux investigations demandées par l'art militaire.

Ce système, considéré dans son ensemble, comprend trois parties principales :

DESCRIPTION

1° Le générateur à gaz hydrogène pur à marche rapide et continue ;

GÉNÉRATEUR A GAZ HYDROGÈNE PUR

A MARCHE RAPIDE ET CONTINUE

GÉNÉRATEUR

Cet appareil, monté sur un train à quatre roues, se compose d'un générateur à gaz B en tôle et garni de plomb à l'intérieur pour résister à l'acide, la partie supérieure de ce générateur forme gueulard pour recevoir la tournure de fer et est bouchée par une fermeture hydraulique. L'eau et l'acide nécessaires à la production du gaz, arrivent dans le tuyau C où s'opère le mélange au moyen de chicanes, puis de là pénètre dans le générateur par la partie inférieure ; le liquide traverse alors un double fond percé de trous, et s'élève ensuite de bas en haut à travers la colonne de tournure de fer qui se dissout peu à peu ; le fer, sous l'action de l'acide sulfurique, décompose l'eau en donnant naissance au gaz hydrogène et en formant du sulfate de fer, ce dernier s'écoule ensuite d'une façon continue par le tuyau D en forme d'U ; au fur et à mesure que le fer placé dans la partie inférieure du générateur se dissout, il y est remplacé par celui contenu dans le gueulard, de sorte que la production du gaz s'opère ainsi d'une façon continue ; du générateur, le gaz hydrogène, fortement chargé de vapeur d'eau et encore un peu acide, se rend par le tuyau E dans le laveur F.

LAVEUR

Le laveur F est formé d'une cuve en tôle munie, comme le générateur, d'une fermeture hydraulique ; le gaz arrive à la partie inférieure du laveur par un grand nombre de tubes percés de trous, et traverse une masse d'eau, renouvelée constamment au moyen de celle introduite par le tuyau G; cette eau tombe sous forme de pluie de la partie supérieure du laveur, et s'écoule ensuite d'une façon continue par le tuyau H en forme d'U ; le gaz, ainsi lavé et refroidi, passe ensuite par le tuyau I dans le sécheur.

SÉCHEUR

Le sécheur est formé de deux récipients en tôle munis d'un double fond perforé et remplis de chlorure de calcium ; le gaz arrive à la partie inférieure du premier récipient, traverse de bas en haut la colonne de chlorure de calcium, de là se rend à la partie inférieure du deuxième récipient et, après avoir traversé la deuxième colonne de chlorure de calcium, arrive au robinet K d'où il se rend dans le ballon complètement desséché et refroidi ; des regards convenablement disposés permettent de mettre du chlorure de calcium, ou de retirer facilement celui décomposé par l'opération.

POMPE

Le train à quatre roues porte entre le générateur et le laveur une pompe à vapeur A à eau et à acide. Le cylindre moteur reçoit la vapeur par un tuyau en caoutchouc, en communication avec la chaudière du treuil à vapeur, et actionne directement le corps de pompe à eau et celui à acide.

Le corps de pompe à eau est à double effet ; les deux côtés du piston sont de volumes différents et ont deux refoulements séparés ; le plus grand volume sert à alimenter le laveur, le plus petit fournit l'eau nécessaire à la production du gaz hydrogène ; la pompe à acide se trouve placée dans le prolongement du corps de pompe à eau et envoie l'acide au générateur dans la proportion nécessaire à la quantité d'eau, et ce, quelle que soit la vitesse de marche de la pompe.

Le poids de ce chariot, constituant le matériel chimique et y compris tous ses accessoires, est de 2,600 kilog. ; la puissance de production du générateur à hydrogène pur est de 250 cubes par heure de marche effective.

TREUIL A VAPEUR

POUR LA MANŒUVRE DU CABLE

CHAUDIÈRE

Le treuil à vapeur, monté sur un train à quatre roues, se compose d'abord d'une chaudière à vapeur verticale A avec tubes système Field, ou autres, ou toute autre chaudière à vapeur remplissant le même but ; cette chaudière fournit la vapeur à une machine motrice B à deux cylindres, actionnant un arbre dont les manivelles sont conjuguées à angle droit, la machine peut avoir un ou plusieurs cylindres affectés au même but.

MACHINE

L'arbre de la machine donne, au moyen d'un pignon et de roues d'engrenages, le mouvement aux poulies de touage C, qui servent à la traction du câble, lequel s'enroule successivement sur elles ; de ces poulies, le câble passe sur un treuil récepteur D, à mouvement enrouleur régulier, actionné par le moteur à vapeur.

TREUIL RÉCEPTEUR

Le treuil récepteur commande un mouvement automatique de va-et-vient qui dirige, au moyen du galet de renvoi E, le câble sur ledit treuil et l'emmagasine régulièrement; à la sortie des poulies de touage, le câble, après avoir passé sur un galet de renvoi, arrive à la poulie à mouvement universel.

MOUVEMENT UNIVERSEL

Cette poulie, montée sur chape à trois mouvements différents, permet à la corde de prendre toutes les inclinaisons; elle est, en outre, munie d'une chape marine en bois, qui évite d'une manière absolue toute sortie du câble de la gorge de ladite poulie.

FREIN A AIR

Lorsque le ballon monte, la force ascensionnelle déroule le câble en faisant tourner la machine à vapeur en sens inverse de sa marche normale; dans ce cas, les cylindres aspirent de l'air par leur échappement et forment ainsi pompe à air. Un robinet, disposé *ad hoc,* sert à diminuer ou à fermer le refoulement de l'air et permet, par suite, de régler ou d'arrêter complètement la montée du ballon; on a ainsi sous la main un frein régulateur à air de la plus grande sensibilité.

FREIN DE SURETÉ

L'arbre de la machine porte, en outre, un frein de sûreté F, actionné par une vis commandée à la main par un volant avec manivelle.

L'ensemble du matériel mécanique, très complet, est de 2,400 kilog., et la puissance pouvant être développée par la machine motrice, est de 5 chevaux effectifs, soit de 7 chevaux sur l'indicateur des pistons.

MATÉRIEL AÉROSTATIQUE

L'aérostat proprement dit est composé d'un ballon en soie de forme sphérique; à sa partie supérieure se trouve une soupape A, dont le joint s'opère au moyen d'un couteau appuyant sur une bande de caoutchouc.

La partie inférieure porte un appendice avec soupape automatique, s'ouvrant sous la pression du gaz renfermé dans le ballon, le joint de cette soupape est formé comme celui de la soupape supérieure.

FILET ET NACELLE

Le filet, enveloppant le ballon, supporte, au moyen d'une suspension trapézoïdale H et d'un point central I avec anneaux formant mouvement à la Cardan, la nacelle en osier G; le filet est, en outre, muni de ses cordes, dites d'équateur JJJ, qui servent à maintenir le ballon lorsqu'il est ramené sur le sol.

Dans la nacelle viennent aboutir la corde B de la soupape supérieure, la corde E de la soupape d'appendice et la corde D servant à maintenir l'appendice lui-même; à côté de la nacelle se trouve aussi le tuyau de gonflement. Au-dessous du trapèze H, qui porte la nacelle, vient abou-tir sur un dynamomètre le câble d'ascension venant du treuil à vapeur; dans ce câble d'ascension passe un fil télé-phonique, dont l'extrémité inférieure vient passer par l'axe des tourillons du treuil récepteur, permettant ainsi à l'observateur placé dans la nacelle de communiquer à tout instant avec le sol.

Un chariot spécial à quatre roues sert à transporter tout le matériel, lorsque le ballon est dégonflé.

MESURES GÉNÉRALES

Diamètre	$10^m,084$
Circonférence	$31^m,680$
Surface	$319^m,461$
Cube	$536^m,886$
Section du maître couple	$79^m,865$
Force ascensionnelle maximum	600 kil.

POIDS

Ballon, filet, nacelle, suspension et organes divers soulevés.	200 kil.
Câbles à réseau téléphonique.	100 kil.
Effort disponible	300 kil.
Total.	600 kil.

La totalité du matériel aérostatique est agencée dans le troisième chariot porteur, monté sur quatre roues, qui pèse tout compris, contenant et contenu, 2,000 kilogrammes.

C'est, en réalité, pour chaque parc complet un poids total de 7,000 kilogrammes à transporter sur 3 chariots spéciaux, le reste constituant le charbon, l'acide et le fer pouvant être chargé sur les fourgons ordinairement employés en pareil cas.

L'installation en temps de guerre devra toujours se faire à proximité d'un cours d'eau, lac, étang, mare ou puits quelconque, afin d'y amorcer le tuyau d'aspiration des corps de pompe, muni d'une crépine à clapet de retenue, appelé à atténuer les dénivellations qui pourraient exister entre le niveau de l'eau et celui des machines ; c'est donc, comme on peut le voir, sur la décomposition de cette eau, en ses deux éléments l'oxygène et l'hydrogène, qu'est basé l'ensemble des appareils de gonflement.

Je dois reconnaître que les grands travaux et les remarquables expériences que j'ai faites, avec les ballons captifs, comme directeur, constructeur et aéronaute, du célèbre ingénieur Henry Giffard de 1867 à 1878-1879 tant à Paris qu'à Londres, m'ont singulièrement facilité la marche à suivre, et je suis heureux d'avouer ici que je lui dois de connaître les premières notions théoriques si nécessaires pour mener à bien toute construction aérostatique et mécanique, si peu compliquée qu'elle soit.

AÉROSTAT DIRIGEABLE A VAPEUR

(TORPILLEUR AÉRIEN)

A GRANDE VITESSE ET A LONGUE DURÉE

La question si complexe de la direction aérienne par ballon, remonte à la mémorable découverte des Montgolfier en 1783, et, malgré la bonne volonté d'une masse de chercheurs il est impossible d'admettre plus de quatre personnalités ayant sérieusement étudié la question depuis cette époque jusqu'à nos jours.

Je vais les nommer par rang d'ancienneté, car j'ai la bonne fortune d'avoir pu collaborer avec les deux premiers, qui sont reconnus, à juste titre, comme les deux principaux promoteurs de la direction des aérostats.

Je citerai donc d'abord M. Henry Giffard, à qui revient l'honneur de s'être élevé le premier seul dans les airs avec une machine à vapeur, suspendue et soulevée par un ballon à gaz de forme ovoïde, en 1852 à l'Hippodrome de Paris (Arc de Triomphe), lequel voulut bien m'admettre à son bord dans un second essai du même genre, exécuté

3

avec un ballon beaucoup plus grand et une machine
à vapeur plus puissante, en 1855, à l'usine à gaz de
Courcelles. Malheureusement, le véritable inventeur de
la direction aérienne n'a pas laissé de notes suffisantes
pour qu'il soit possible de tirer parti de ses remarquables expériences.

Le second est le grand et illustre ingénieur Dupuy
de Lôme, à qui l'on doit l'étude théorique et pratique de la permanence de la forme, de la stabilité et
de la rigidité du système suspensif, ainsi que l'application raisonnée du ballonnet à air et de l'hélice à grande
surface.

Il me fit l'honneur de me choisir comme collaborateur,
constructeur et aéronaute, en 1870-1872 pour l'exécution
et l'ascension de son grand navire aérien à hélice; les ré-
sultats obtenus pendant l'expérience sont les seuls qui
aient été contrôlés au moyen d'un anémomètre placé à
bord de la nacelle; la vitesse de $2^m,80$ par seconde,
quoique modeste (étant donné que la puissance motrice
était représentée par huit hommes), n'était cependant pas
négligeable.

C'est certainement ces trois premières ascensions avec
ballons ovoïdes à hélice, qui ont servi de point de départ
à tous les essais exécutés depuis par MM. Tissandier
frères à Auteuil, et par MM. les capitaines Renard et
Krebs à l'École de Chalais (Meudon), en 1884 et 1885.

Je suis heureux de constater que c'est à MM. Gaston
et Albert Tissandier qu'appartient la priorité de l'application première de la machine dynamo-électrique, et si le
résultat obtenu a été maigre comme vitesse de marche, c'est

certainement à une autre cause que l'emploi de l'électricité comme moteur qu'il faut la rechercher; dans un appareil dirigeable la résistance à l'avancement doit ressortir
en raison directe des obstacles qui lui sont opposés. Or
ces derniers sont très nombreux dans le mode de suspension que ces Messieurs ont adopté, et il en est de
même pour le type particulier de nacelle qu'ils ont con-
struit; il n'est donc pas étonnant que la vitesse qu'ils
ont relevée, sur le sol et non à bord, n'ait pu atteindre
3 mètres par seconde. Quoi qu'il en soit, cette expérience est fort honorable pour eux, surtout si l'on
considère qu'ils l'ont effectuée avec leurs propres res-
sources et sans le secours d'aucune subvention quelconque.

Je continuerai en disant quelques mots sur le système
adopté par MM. les capitaines Renard et Krebs, dont les
expériences ont été couronnées de succès et qui ont eu
la gloire de revenir les premiers à leur point de départ.
Leur forme d'aérostat et de nacelle diffère essentiellement
de ce qui avait été fait jusqu'à ce jour; ce qui ne prouve
aucunement qu'elle soit préférable, et si, comme le bruit
en court, ils renoncent à l'électricité pour employer un
genre de machine plus légère à puissance développée et à
durée égales, il est certain que la vitesse de leur aérostat
en sera d'autant augmentée.

Si j'émettais un seul point de critique sur leur appareil, ce serait sur le trop grand nombre de cordes de
suspente que le type allongé de leur nacelle nécessite,
et sur la résistance colossale que ces mêmes cordes,
additionnées de toutes les innombrables pattes d'oie

nécessaires pour leur reliage à la chemise qui recouvre l'aérostat, doit rencontrer à l'avancement.

En effet, le coefficient R ressort pour l'ensemble de leur ballon tout compris par 1/5 environ du maître couple.

EXEMPLE

D'après leur formule $T = 0,0326\, D^2\, V^3$,
D diamètre 10 mètres,
V vitesse 10 mètres ;

d'où $\dfrac{0.0326 \times 10^{-2} \times 10^{-3}}{75} = 43^{\text{ch}},500.$

Chiffre que M. le capitaine Renard a déterminé, d'après ses derniers essais en septembre 1885, pour un ballon de forme semblable à celui qu'il appelle la *France*, mais supposé avoir 10 mètres de diamètre et posséder une vitesse de 10 mètres ; or, en procédant par analogie et en ramenant le rapport de la résistance totale à l'avancement à une fraction du plan mince représenté par le maître couple, on obtient ce qui suit :

$$
\text{Formule d'après Dupuy de Lôme.}
\begin{cases}
\dfrac{\dfrac{\dfrac{D^{-2} \times \pi}{4} \times K}{5,2} \times V^{-3}}{\text{En chevaux de } 75 \text{ kilogrammètres}} + 20\,°/° \\[4ex]
\hline
\text{Supposé à } 75\,°/_0 \text{ de rendement.}
\end{cases} = 43^{\text{ch.vp.}},500.
$$

(K = 0,135 grammes par mètre carré pour un mètre par seconde).

Le rapport entre la section du grand cercle de leur aérostat et sa résistance totale à l'avancement est donc de $R = 1/5_2$, au lieu du 1/8 que me permet d'obtenir la suppression du filet et de la plus grande partie des cordes de suspente, ainsi que la réduction de l'angle d'attaque que la forme effilée de l'avant explique dans le système que j'ai cru devoir adopter.

La différence entre les deux appareils, en tant que coefficient de résistance à l'avancement, est donc de 50 °/₀ en chiffre rond.

Enfin, une nacelle d'une telle longueur que la leur, si l'ensemble n'en est pas démontable, serait-elle bien pratique, si la descente avait lieu en dehors du périmètre protégé par l'administration de la guerre.

Sauf ces légères réflexions, je suis le premier à reconnaître que ces messieurs ont fait faire un très grand pas à l'aérostation et que, quoi qu'il arrive dans l'avenir, il leur revient l'honneur d'avoir pu effectuer une vitesse propre mesurée de 6 mètres par seconde et d'avoir réussi en choisissant l'état de l'atmosphère à rentrer plusieurs fois à leur port d'attache.

Leur source de puissance motrice était également électrique, mais de même que MM. Tissandier, ils ont dû renoncer à ce genre de moteur, à cause de son peu de durée et surtout de son poids de beaucoup supérieur à celui de la machine à vapeur.

Il est facile, du reste, de s'en rendre compte par les chiffres qui suivent et que j'ai puisés sur les articles rédigés par ces Messieurs, à la suite des expériences qu'ils ont effectuées :

Premièrement

Pour MM. Tissandier frères :
Poids d'une pile toute chargée, $6^k,870$. Nombre
de piles au total, 24 ; d'où $24 \times 6^k,870 = 164^k,880$

Poids de la machine Siémens . . . . $55^k,000$

Poids de l'hélice . . . . $7^k,000$

$\left. \right\} 226^k,880$

Force relevée 100 kilogrammètros, soit en chevaux de 75, 1 cheval 1/3 supposé à 75 °/₀ de rendement, ou $\dfrac{1.333}{75} = 1$ cheval 777.

Or $\dfrac{226^k,880}{1.777} = 127^k,675$ par cheval.

Deuxièmement

Pour MM. Renard et Krebs :

Poids des piles et appareils. . . . . . $435^k,500$ ⎫

Poids de la machine. . . . . $98^k,000$ ⎮

Poids des bâtis et engrenage . . . . . $47^k,000$ ⎬ 652 kilogrammes.

Poids de l'arbre moteur. . . . . . . $30^k,500$ ⎮

Poids de l'hélice. . . . . $41^k,000$ ⎭

Force relevée d'après leur formule en chevaux de 75 :

$$T = \frac{0.0326 \times 8^m,400^{-2} \times 6^{m-3}}{75} = 6 \text{ chevaux } 624 \text{ supposés à 75 °/₀}$$

de rendement ou $\frac{6.624}{75} = 8$ chevaux 832.

Or $\frac{652 \text{ kilog.}}{8.832} = 73$ kilog. 822 par cheval.

Étant donné le type Thornycrof pesant chaudière, machine et condenseur compris, 35 kilog. par cheval, l'on tire de ce qui précède le rapport suivant entre le moteur électrique et le moteur à vapeur ramené en kilogrammes.

Pour MM. Tissandier $\dfrac{127^k,675}{35 \text{ kil.}} = 3,647$

ou $1 : 3\ ^1/_2$

Et pour MM. Renard et Krebs $\dfrac{73^k,822}{35 \text{ kil.}} = 2,109$

ou $1 : 2$

La machine à vapeur avec condenseur à air reste donc bien indiquée, jusqu'à nouvel ordre, comme moteur léger en aérostation.

Je vais pour terminer ces différentes notes, maintenant que la question me paraît suffisamment posée, et sans tenir compte de ma première brochure sur la direction, qui remonte à 1880, passer de suite à la description du nouveau système d'aérostat dirigeable (torpilleur aérien à vapeur) à grande vitesse et à longue durée, dont le schéma forme le sujet de la seconde planche annexée à la présente étude.

DESCRIPTION DE L'APPAREIL

FORME RATIONNELLE DE L'AÉROSTAT

Cet appareil se compose d'abord d'un ballon porteur, dont la forme allongée a été calculée dans toutes ses proportions pour obtenir le minimum de résistance pour une vitesse voulue.

L'enveloppe de ce ballon est en soie de Chine ou ponghée, préparée sur chaque face au caoutchouc vulcanisé de façon à rendre éloignantes et pelliculaires les couches de vernis imperméable qui viennent en compléter l'étanchéité presque absolue; chaque couture est en plus recouverte par une bande adhésive, afin de corriger par un bouchage complet les trous faits par le passage de l'aiguille pendant la réunion des fuseaux qui constituent l'aérostat proprement dit.

APPLICATION D'UNE POCHE A AIR

été appliqué à la partie inférieure une poche à air ou
ballonnet, dont l'augmentation ou la diminution corres-
pond exactement à tous les changements survenus dans le
volume du gaz du ballon ; soit par suite de la dilatation ou
de la condensation, soit par suite de la perte de gaz nécessaire pour contre-balancer la rupture d'équilibre provenant de la consommation du combustible utilisé pour faire
route ; la poche à air est munie d'une soupape S' automatique équilibrée à 0^m,020 d'eau, et est en communication
au moyen d'un tuyau avec les ventilateurs placés dans la
nacelle ; ce qui en rend le fonctionnement complètement
à la disposition de l'aéronaute dirigeant l'appareil aérostatique.

SUPPRESSION

DES SUSPENSIONS ET DU FILET

Le filet et la suspension ordinaire de la nacelle ont été
remplacés : 1° pour le filet, par une chemise de même étoffe
que l'aérostat, renforcée et consolidée au moyen de rubans
distancés qui lui donnent la plus grande résistance possible. Cette chemise enveloppe complètement le ballon
et fait corps avec lui, excepté aux deux extrémités où
elle est reliée aux pointes extrêmes par l'emploi de
boutons empêchant tout glissement si faible qu'il puisse
être ; 2° pour la suspension, par des câbles d'acier
permettant un maximum de résistance à la tension tout
en présentant la plus petite surface possible à l'avancement.

RIGIDITÉ

ET SOLIDARITÉ DU SYSTÈME EN GÉNÉRAL

La suspension en fils d'acier, par suite du croisement rationnel des câbles depuis leur liaison avec la perche formant quille, jusqu'à la carcasse de la nacelle, rend le tout solidaire et maintient le système dans une stabilité absolue qui permet d'en considérer l'ensemble comme un solide de construction.

EMPLACEMENT

DE LA PERCHE SERVANT DE QUILLE

La partie inférieure de la chemise du ballon vient se réunir à la perche servant de quille ; cette perche, outre la rigidité longitudinale qu'elle donne à l'aérostat, sert en plus à attacher toutes les suspensions qui relient le tout à la nacelle.

A une des extrémités de cette perche se trouve placé le gouvernail, lequel est manœuvré au moyen des deux drisses en chanvre commandées par la roue G, placée à l'avant dans la nacelle à proximité et bien en vue de la boussole que le timonier doit avoir constamment sous les yeux.

RÉDUCTION RAISONNÉE
DES SURFACES DE RÉSISTANCE

Le remplacement du filet par une chemise en étoffe, enveloppant le ballon de toute part et servant d'intermédiaire à la série des fils d'acier qui suspendent la nacelle, a permis de ramener les surfaces de résistance à leur plus simple expression, condition indispensable pour obtenir le meilleur rendement de marche possible, de tout le système.

EMPLACEMENT SPÉCIAL DE L'HÉLICE

L'emplacement de l'hélice a été déterminé par la nécessité d'appliquer la puissance le plus près possible du centre de résistance, lequel correspondrait à celui de l'appareil proprement dit ; comme cette application avec une seule hélice est difficile pour ne pas dire impossible, la place la plus rationnelle se trouve être entre la nacelle et le ballon. Cette position, outre l'avantage qu'elle a de placer l'hélice dans la verticale passant par le centre de gravité du système, permet la transmission de l'effort de poussée dans la partie la plus rigide de la suspension et l'emploi d'une hélice de grand diamètre à grande surface d'aile et à petit nombre de tours, ce qui, à mon avis, est le plus sûr moyen d'obtenir un rendement normal.

CONDENSEUR PAR SURFACE ET A AIR

Pour éviter le délestage qui résulterait de la perte de la vapeur d'échappement, la condensation de cette dernière est d'une absolue nécessité ; elle est obtenue au moyen d'un condenseur à air et par surface C, placé à l'avant de la nacelle ; ce condenseur est formé d'un faisceau de tubes en cuivre de mince épaisseur, dans lesquels circule la vapeur provenant de l'échappement de la machine ; autour de ces tubes passe un courant d'air énergique, produit par les ventilateurs V, cette source puissante de refroidissement ramène la vapeur à son état primitif et l'eau résultant de cette condensation est ensuite réintroduite dans la chaudière au moyen de pompes alimentaires, donc de ce côté équilibre parfait et constant pendant toute la durée de l'expérience.

BRULEURS A HYDROCARBURE LIQUIDE

La chaudière tubulaire C' est chauffée au moyen de brûleurs spéciaux permettant de se servir d'hydrocarbures liquides ; ces brûleurs, facilement maniables à la main, au moyen de robinets, permettent au mécanicien de régler la production de la vapeur de la manière la plus complète.

Ils ont en outre l'avantage de réduire au minimum la perte de poids résultant de la consommation de combus-

tible par suite du grand pouvoir calorifique des hydrocarbures liquides et on ne saurait l'estimer au maximum à
plus de 1 kilogramme par cheval et par heure, chiffre
absolument négligeable en rapport du volume de l'aérostat, car l'on ne pourrait maintenir en l'air, quoi qu'on
fasse, un ballon ordinaire de même capacité, pendant le
même laps de temps, sans une dépense de lest au
moins égale.

Les réservoirs contenant les hydrocarbures se trouvent
placés en R, au-dessus du condenseur.

DOUBLE TRANSMISSION MOBILE

Le mouvement est communiqué du moteur au propul-
seur au moyen de transmissions mobiles actionnant les
poulies réceptrices calées sur l'arbre de l'hélice ; il en
existe deux dont l'une est placée à l'avant de l'hélice et
l'autre à l'arrière, l'ensemble en est réglé par des tendeurs
élastiques assurant constamment l'uniformité de l'effort.

DISPOSITION
DE LA SOUPAPE DE SURETÉ DU BALLON

La soupape de sûreté inférieure à pression réglable du
ballon se trouve renvoyée à l'extrémité du gouvernail, tout
à fait à l'arrière, de façon à supprimer de la manière la
plus complète toute possibilité de mélange entre l'hydrogène s'échappant par cette soupape et les gaz chauds

rejetés par la cheminée de la chaudière, dont l'ouverture du foyer est garnie, pour plus de sûreté, d'un appareil enveloppant de toile métallique ; il en est du reste également pour la partie inférieure de la cheminée afin d'éloigner toute crainte, même du côté de la sortie de la fumée.

MACHINE A VAPEUR

Le moteur se compose d'une machine à vapeur à grande vitesse, du système Compound et du genre dit à pilon ; l'avantage de ce type de moteur étant de reporter sur la vertieale toutes les vibrations provenant de la marche de ses organes, ce qui permet d'éviter tout mouvement de lacet au système.

L'emploi judicieux qui a été déjà fait de ce nouveau genre de machine dans les torpilleurs français et étrangers me dispense de m'y étendre plus longuement, et il me suffira de dire que l'on est parvenu actuellement à en ramener le poids à moins de 35 kilogrammes par cheval, chaudière, machine et condenseur compris.

LÉGENDE DU SYSTÈME

Vitesse absolue en air calme, à l'heure. . . .	40 kilomètres.
Longueur du ballon.	60 mètres.
Diamètre du ballon.	10 mètres.
Hauteur du ballon.	13ᵐ,333
Section du maître couple.	88 mètres carrés.
Surface totale de l'aérostat.	1450 mètres.
Volume de la poche à air.	500 mètres.
Cube total de l'aérostat.	2900 mètres.

Effort ascensionnel correspondant. . . . . . . 3200 kilogrammes.

Vitesse de l'aérostat par seconde. . . . . . . 11^m,111

Section de l'aérostat $\frac{88}{8}$ de plan mince. . . . . 11 mètres.

Coefficient de résistance du plan mince par mètre carré pour 1 mètre à la seconde. . . 0^k,135 grammes.

Résistance proportionnelle à l'avancement du système . . . . 2036^{kilogrammètres},9475

Force correspondante en chevaux sur l'aérostat. 27^{ch},160

Recul de l'hélice et frottement des ailes dans l'air . . . . 20 %

$\left\{\text{Formule}\right.$ $\dfrac{27^{ch},160 + 20\%}{\text{Supposé à 75 \% de rendement}} = \ldots$ 43^{ch},456

Puissance totale de la machine en chevaux sur les pistons . . . . 43^{ch}.1/2

Nombre de tours de la machine par minute. . 400 tours.

Pression à la chaudière en atmosphères. . . 12

Brûleurs à injection d'hydrocarbures sous pression d'air 4

Surface du condenseur en mètres carrés. . . 55 mètres.

Nature du combustible hydrocarbure liquide, dépense par cheval et par heure. . . . . . 1 kilog.

Diamètre de l'hélice. . . . . 11 mètres.

Pas de l'hélice. . . . . 11 mètres.

Fraction de pas à l'extrémité des ailes. . . . 1/15

Fraction de pas au centre d'action. 1/10

Nombre de tours de l'hélice par minute. . . 70 tours.

Vitesse de l'hélice à la circonférence. . . . 40^m,317

Surface en projection de l'aile en plan pour chaque. . . . . 5^m,500

Effort de poussée sur chaque aile. . . . . . 101^k,850

Poids de la partie mécanique complète. 1600 k. $\left.\begin{array}{}\\\\\\\\\end{array}\right\}$

Poids du matériel aérostatique complet 800 k.

Engins de guerre soulevés (dynamite et torpilles). . . . . 400 k.

Effort ascensionnel disponible. . . . 400 k.

3,200 kilogrammes.

CONCLUSION

Les nouveaux engins de guerre que je viens de décrire
sont destinés pour le premier à surveiller les mouvements
de l'ennemi et à en communiquer à l'État-Major tous les
détails techniques au moyen du téléphone, afin que les
ordres à transmettre par le général en chef, qui a tout le
réseau télégraphique à sa disposition, soient presque
instantanés ; en effet si l'on considère que l'œil sans le
secours de jumelles porte à plus de 20 kilomètres de rayon,
il est facile de se rendre compte que les officiers supé-
rieurs placés dans la nacelle de l'aérostat captif, à 500 mètres d'altitude, auront autour d'eux en utilisant la lor-
gnette un cercle de plus de 60 kilomètres de diamètre,
distance énorme et plus que suffisante pour tenir dans ses
mains le sort d'une bataille.

Le second me paraît tout indiqué pour la défense des
places fortes ou des grandes villes menacées d'investissement, en raison de la facilité avec laquelle, grâce à cet
engin formidable, l'on pourrait détruire impunément tous
les travaux d'approche, nécessaires à l'installation des bat-
teries que l'ennemi s'efforcerait en vain d'établir.

Évidemment quel est le sort qui serait réservé à une
armée d'investissement si ses parcs d'artillerie, son État-
Major et le gros de ses troupes se trouvaient à la merci d'un

appareil qui, plusieurs fois le jour comme la nuit, vien-
drait se placer après reconnaissance préalable juste au-
dessus d'elle, bien dans la verticale, et que d'un millier de
mètres de hauteur au minimum l'aéronaute et les officiers
du génie à bord laissent, tout simplement et impunément,
tomber de place en place et dans l'espace circonscrit une
série de torpilles explosibles, étudiée spécialement à cet
effet par la pyrotechnie moderme.

Je laisse à ceux que la question intéresse, le soin d'y
répondre, n'ayant pas qualité pour traiter le sujet en
dehors du rôle scientifique sous lequel je l'ai préalablement
posé, et tenant à rester avant tout dans la limite technique
que je me suis proposé de suivre.

L.-G. YON.

Paris, ce 10 avril 1886.